Auguste Laugel

Les Volcans de Java

essai

ISBN : 978-1541104785

10 9 8 7 6 5 4 3 2 1

Auguste Laugel

Les Volcans de Java

essai

Table de Matières

Introduction

Les volcans comptent au nombre des points les plus remarquables du globe : ce sont les seuls où nous puissions observer l'action présente du feu intérieur, de l'*atmosphère souterraine*, si l'on veut emprunter une expression originale de Franklin, sur la frêle enveloppe que nous habitons. Autrefois l'on ne songeait point à chercher dans les profondeurs ignées de la terre la cause des phénomènes volcaniques. Dans le dernier siècle encore, on ne les attribuait généralement qu'à une combustion locale et tout exceptionnelle. De nos jours, les travaux des géologues ont éclairé d'une lumière nouvelle la théorie des volcans. Léopold de Buch a montré comment les particularités de la forme des montagnes ignivomes n'ont d'autre origine qu'un soulèvement opéré par l'énergique pression des vapeurs et des laves qui cherchent à se frayer une issue facile et permanente. Cette hypothèse hardie rend admirablement compte de la singulière structure d'un grand nombre de volcans, notamment de ceux des Canaries, que visita le célèbre géologue allemand, — de l'Etna, du Vésuve, et des volcans éteints de l'Auvergne, si bien décrits par MM. Élie de Beaumont et Dufrénoy. Léopold de Buch ne se contenta pas d'étudier isolément les montagnes volcaniques, il voulut découvrir suivant quelles lois elles sont distribuées sur le globe, et il réussit à démontrer qu'on ne peut en expliquer la formation que par le jeu même des forces qui agissent sans cesse à l'intérieur de notre planète pour troubler l'équilibre séculaire des mers et des continents.

Bientôt M. de Humboldt vint prêter son appui à ces conceptions puissantes, en établissant qu'il existe une relation intime entre les éruptions des volcans des Antilles et des Andes et les tremblements de terre qui agitent d'une manière si effrayante et à de si fréquentes reprises certaines parties de l'Amérique. Il ajouta de précieux matériaux à l'étude comparée des volcans terrestres, en décrivant les colosses trachytiques des Andes, auprès desquels le Vésuve n'est qu'une humble colline, et qui, sous les feux du tropique, dressent dans la région des neiges éternelles leurs cimes plus élevées que celles du Mont-Blanc. L'histoire de leurs éruptions est aussi bien différente de celle des volcans de la Méditerranée : ils ne vomissent point de laves, comme ces derniers, et ne rejettent que des cendres

Auguste Laugel

et des vapeurs.

Dans l'esprit de presque tout le monde, l'écoulement des laves forme l'attribut essentiel d'une éruption volcanique. Ce phénomène étrange de torrents de feu sortis des entrailles mêmes de la terre est bien fait pour étonner et captiver l'imagination. Pourtant l'émission des vapeurs et le dégagement de l'eau qui accompagne toutes les éruptions présentent à l'esprit des énigmes encore plus difficiles à résoudre. Ce qui fait qu'on a toujours attaché plus d'importance aux laves, c'est qu'elles restent comme les seuls témoins des éruptions passées ; c'est en suivant ces fleuves de pierre refroidis que les voyageurs apprennent l'histoire des volcans : les matières gazeuses au contraire ne laissent point de trace et ne survivent point à la catastrophe qui les a portées au jour. Ceux qui sont assez heureux pour assister à une éruption ne peuvent manquer toutefois d'être frappés à la vue des fumées qui s'échappent des courants de lave, et doivent se demander comment des vapeurs et des gaz ont été emprisonnés dans ces matières fondues, qui, refroidies, ne sont que des scories et des rochers. Nous partageons tous encore d'instinct le préjugé antique de l'antagonisme de l'eau et du feu ; pourtant l'eau sort des volcans en telle abondance, que parfois d'immenses nuages sillonnés d'éclairs incessants s'amassent au-dessus du cratère. Les géologues sont divisés sur l'explication de ce singulier phénomène. Les uns croient que les eaux de la mer ou les pluies s'infiltrent dans des fissures terrestres, arrivent au contact des laves souterraines, et sont vomies, sous forme de vapeur, par les orifices des volcans. Telle était l'opinion du célèbre chimiste Davy, qui découvrit le premier les métaux qui forment la base des roches ; elle est encore adoptée par l'école qui attribue à des actions purement chimiques et électriques tous les phénomènes qui se rattachent à la chaleur terrestre. L'école plutonienne, qui rend compte de ces phénomènes par l'incandescence du noyau de la terre, admettrait volontiers que la masse fluide dont les continents et le lit des mers ne sont en quelque sorte que l'épiderme solide contient elle-même toutes les substances que nous voyons se dégager des laves. Ainsi les éléments de l'eau seraient renfermés au sein même de la terre avec ceux de toutes les autres vapeurs qui sortent des volcans, et s'en échappent avec une telle violence, qu'ils rejettent les scories et les cendres à des hauteurs quelquefois effrayantes.

Suivant qu'on explique de l'une ou de l'autre manière les émanations volcaniques, on se trouve forcément entraîné à interpréter d'une façon opposée toute l'histoire géologique de la terre. On comprend dès lors quel intérêt s'attache à toutes les manifestations de la *volcanicité* terrestre, et pourquoi l'on ne saurait les étudier sur des points trop nombreux. Les renseignements précieux que M. de Humboldt et après lui M. Boussingault nous ont fournis sur les volcans des Andes ont fait voir que, dans les différentes régions du globe, les phénomènes volcaniques présentent, avec un ensemble de caractères communs, des traits originaux. Il est une contrée où ils offrent une certaine ressemblance avec ceux qu'on observe dans les Andes, c'est l'île de Java ; mais tandis que les éruptions des volcans américains sont des catastrophes qui ne se renouvellent guère que de siècle en siècle, celles des volcans javanais sont si nombreuses et si rapprochées, qu'elles fournissent au géologue un constant sujet d'études. Malheureusement le nombre de ceux qui vont visiter les îles de la Sonde n'est guère plus nombreux que celui des hardis voyageurs qui se décident à gravir les cimes élevées des Cordillères. M. Léopold de Buch, dans son admirable *Voyage aux îles Canaries*, a rassemblé tous les renseignements connus de son temps sur les diverses zones volcaniques du globe. Ceux qu'il a réunis relativement aux îles de la Sonde et à Java sont encore très incomplets. Le géologue allemand se borne à constater d'une manière générale que les volcans javanais ne donnent point de laves, et qu'il en sort fréquemment des torrents d'eau chaude et boueuse, avec d'immenses quantités de cendre. Il semble tout d'abord assez étonnant que les régions volcaniques de Java soient encore si peu connues, quand on considère que cette île est depuis très longtemps occupée par des Européens. Il y a quelques années seulement que les Hollandais ont entrepris l'exploration scientifique de leur belle et riche colonie. L'Europe dut le premier ouvrage important sur Java à sir Stamford Rallies, qui fut gouverneur de cette île pendant la courte période de la domination anglaise. En même temps qu'il faisait succéder les règles et les principes d'un gouvernement plus humain à un régime fondé sur les exactions, le travail forcé, les cruautés de toute espèce, il faisait étudier les ressources et dresser une carte détaillée de la colonie. Cette carte fut l'œuvre de Thomas Horsfield, qui se fraya le premier un chemin à travers les forêts vierges qui couronnent les pitons élevés de Java. Ce travail n'a guère nécessité depuis que des améliorations de détail, qui sont dues au zèle de deux officiers néerlandais, MM. Leclerq et Van de Velde. Quelques observations relatives aux volcans de Java sont disséminées dans les recueils qui se publient à Batavia ou en Hollande ; mais nous n'avons trouvé nulle part sur Java et ses volcans une si grande abondance de renseignements que dans un ouvrage récent de M. Junghuhn, qui embrasse l'étude complète de la colonie hollandaise.

L'auteur a passé douze années à Java, et en a gravi lui-même presque toutes les cimes avec des instruments pour en mesurer la hauteur. Il a décrit dans son livre toutes les montagnes volcaniques de l'île, qui sont au nombre de quarante-cinq, recherché avec grand soin tout ce qui est relatif aux éruptions des volcans de Java et réussi à en rendre l'histoire assez complète, en fouillant les documents officiels et en consultant les traditions des natifs. On ne peut malheureusement tirer des Javanais que des renseignements vagues et peu nombreux sur les volcans de leur île : le souvenir des catastrophes qui l'ont désolée à de si fréquentes reprises s'efface avec une merveilleuse rapidité de leurs esprits oublieux et indolents. Même quand il s'agit des éruptions les plus récentes, leurs récits ne s'accordent jamais parfaitement, et pour donner une idée de leur chronologie, M. Junghuhn cite l'exemple singulier d'un natif qui se croyait âgé de deux cents ans.

Ce n'est pas la paresse seulement, c'est une terreur superstitieuse qui empêche les Javanais mahométans de gravir la cime des volcans : ils n'aiment pas à quitter les régions basses, couvertes de champs de riz, au-dessus desquelles s'élèvent, comme des îles dans la mer, les pitons redoutés. Protégés contre la chaleur accablante des plaines dans leurs villages qui s'abritent sous des bois de cocotiers et de palmiers, ils ne quittent jamais ces oasis de verdure pour aller respirer l'air plus frais des hautes cimes. Aussi les cratères des volcans furent-ils le dernier refuge des sectateurs de Siva, quand les mahométans firent la conquête de l'île vers 1470. On y trouve souvent des ruines d'anciens temples. L'adoration des forces terribles dont les volcans sont le foyer devait naturellement tenir une grande place dans les croyances primitives de ces contrées, et le culte de Siva, la divinité de la destruction, y était dominant.

Le volcan Séméru, le plus élevé de l'île, était appelé le Mont-Sacré ; le Sumbing, qui se trouve au milieu de l'île, était « le clou qui avait servi à fixer Java contre la terre. » On trouve des restes de monuments religieux à des hauteurs très considérables. Sur le plateau élevé qui forme le fond de l'ancien cratère du volcan Dïeng, il y a des milliers de blocs cubiques, débris des anciens temples. Ils étaient simplement formés par une suite de terrasses entourées de murailles, disposées en étages successifs sur les pentes de la montagne, et reliées l'une à l'autre par des escaliers. Sous le gazon et entre les racines des casuarines, on retrouve des sculptures, des bas-reliefs, quelquefois de grossières statues. La religion hindoue s'éteignit bientôt dans la solitude terrible des cratères ; des forêts vierges recouvrirent les pierres disjointes des temples écroulés, qui ne furent plus visités que par les rhinocéros, les chats et les bœufs sauvages. Ce n'est qu'à une époque très récente que la hache de l'homme vint frayer de nouveaux chemins sur ces hauteurs abandonnées, et qu'on retrouva les blocs taillés souvent à demi décomposés par les vapeurs volcaniques, les seuils sacrés que la végétation active des tropiques avait si promptement envahis : découvertes précieuses, même pour le géologue, car partout où l'on retrouve des ruines de temples, on peut conclure que le volcan passait pour éteint avant l'invasion de l'islamisme.

Aujourd'hui les seuls Javanais qui soient restés fidèles au culte de Siva habitent le fond de l'immense cratère du volcan Tengger, plaine élevée qui porte le nom de *Mer de Sable*. Tous les ans, ils célèbrent une fête solennelle, et vont comme en sacrifice verser du riz dans le cratère du cône d'éruption toujours actif qui s'élève au milieu de la Mer de Sable. C'est le sentiment d'un danger éternel et mystérieux qui a entretenu si longtemps les grossières croyances de cette colonie isolée, et, au lieu de s'en étonner, on serait plutôt surpris que cette terreur naturelle n'ait point corrompu la religion mahométane dans ces régions, si l'on ne savait que le fatalisme» le plus absolu en fait le fond. C'est avec une égale indifférence que le Javanais mahométan se soumet à une tyrannie étrangère et aux effets irrésistibles des forces de la nature. Pourvu qu'il puisse, étendu sur une natte, écouter les chants des tourterelles enfermées dans des cages, rêver aux sons doux et mélodieux du *gamelang*, son instrument favori, ou regarder les danses gracieuses des *ronggengs*, il est heureux. Il oublie que le volcan voisin peut tout à coup s'irriter, vomir des nuages de fumée qui plongeront la contrée entière dans une nuit profonde, et que des torrents dévastateurs, descendus de la montagne, peuvent ensevelir les riants villages, les arbres et les champs cultivés, sous un linceul de limon fumant.

Musulmans ou sivaïtes, les habitants de Java ne sauraient donc fournir que d'insuffisantes indications au géologue curieux d'étudier les phénomènes volcaniques. Heureusement M. Junghuhn a complété par ses propres recherches les vagues récits des indigènes, et on peut suivre avec confiance un pareil guide à travers la grande région ignivome qui, grâce à lui, n'a plus de mystères pour la science européenne.

Section I

Les volcans de l'archipel indien forment comme un fer-à-cheval grossier autour de la grande île de Bornéo. Cette ceinture volcanique part des îles Andaman ; les îles Nicobares, Sumatra, Java, Timor, la Nouvelle-Guinée, les Moluques, les Célèbes, Ternate et Djilolo complètent ce vaste circuit. Des Nicobares à l'archipel des Philippines, on ne connaît pas moins de cent neuf volcans. M. Junghuhn en compte dix-neuf dans Sumatra et quarante-cinq dans Java.

Le contraste que présente la constitution de ces deux îles est extrêmement frappant. Sumatra est formée par une série de chaînes montagneuses parallèles qui enferment de hautes vallées longitudinales ou de véritables plateaux. Quelques volcans s'élèvent sur la crête de ces chaînes, mais sans la dépasser de beaucoup en hauteur. La partie occidentale de Java rappelle encore ces caractères : elle est formée de plateaux élevés, hérissés de sommets volcaniques ; mais quand on avance vers l'est, on trouve un pays bas et d'immenses plaines sur lesquelles s'élèvent les cônes isolés des volcans, qui ont presque tous de 3,000 à 3,600 mètres d'élévation. On ne rencontre plus de plateaux élevés, de hautes vallées ; parfois seulement deux volcans Jumeaux sont reliés par des cols dont l'altitude dépend de la distance plus ou moins considérable qui en sépare les sommets. Les caractères physiques des deux contrées se reflètent avec leurs différences jusque dans les mœurs et les habitudes des natifs. Le climat des plaines de Java énerve et amollit les habitants, qui cultivent paisiblement le riz et le café pour des maîtres étrangers ; les plateaux élevés de Sumatra sont couverts de frais pâturages et habités par une population fière et indépendante. Ces montagnards féroces sont presque toujours en guerre, et chacun de leurs villages est une république.

Les volcans de Java, considérés dans leur ensemble, sont à peu près alignés, de l'est à l'ouest, dans l'axe principal de l'île, depuis le détroit de la Sonde jusqu'à l'extrémité orientale. Une ligne droite, menée dans cette direction, passe exactement par les volcans Salak, Gédé, Slamat, Sumbing, Merbabu, Lawu, Tengger et Idjeng. Toutes les autres montagnes volcaniques sont placées dans le voisinage de cette ligne ; elles forment pourtant quelquefois de petits groupes transversaux, dirigés du nord-ouest au sud-est, comme par exemple les quatre montagnes voisines de Dïeng, de Telerep, de Sendoro et de Sumbing.

Par une coïncidence vraiment singulière, cette direction des alignements partiels et transversaux est précisément celle des grandes chaînes de Sumatra, et réciproquement les volcans connus de Sumatra sont rangés à peu près sur une ceinture rigoureusement parallèle à l'axe principal de Java. Ce fait remarquable prouve une fois de plus que les volcans s'alignent dans le sens des fractures produites à la surface du globe par les phénomènes de soulèvement qui déterminent la forme des îles et la direction des chaînes de montagnes. Dans la partie centrale et orientale de Java, les volcans sont isolés, mais dans la région occidentale ils forment deux chaînes montagneuses, séparées par une vallée longue et assez élevée. Quand on parle de *volcans en ligne*, il ne faut pas toujours entendre une ligne unique ; les cratères actifs ou éteints du groupe des îles Sandwich forment deux lignes voisines parallèles, et les gigantesques volcans des Andes de Quito sont rangés sur des chaînes parallèles, séparées par de hauts plateaux pareils à d'immenses voûtes et fréquemment ébranlés par des tremblements de terre. À Java, il n'y a pas moins de quatorze bouches volcaniques sur les deux crêtes parallèles qui occupent la partie la plus occidentale de l'île dans un espace qui n'a que 40 kilomètres de longueur sur 16 kilomètres de largeur. Une pareille agglomération de volcans est un fait très remarquable : dans la partie orientale de l'île, on trouve aussi huit montagnes volcaniques, assemblées dans un espace très étroit, le Tengger, le Séméru, le Lamongan, le Ringgit, l'Ajang, le Raon, le Buluran, l'Idjeng et le Ranté. L'île tout entière est, pour ainsi dire, criblée de passages par lesquels les vapeurs souterraines peuvent se dégager ; la pression de ces vapeurs ne devient donc jamais assez forte pour amener jusqu'à la bouche des volcans des laves en fusion qui puissent s'écouler par les cratères ou par des fissures ouvertes dans les flancs de la montagne. On ne trouve dans Java aucune coulée de cette nature comparable à celles du Vésuve, de l'Etna et de l'Islande. Les volcans n'y rejettent, avec une quantité incroyable de vapeur d'eau et de vapeurs acides, que des débris fragmentaires et des cendres. C'est sans doute parce que les appareils volcaniques sont si rapprochés à Java que les tremblements de terre sont insignifiants et purement locaux. Ils sont très fréquents, mais faibles, et paraissent n'avoir aucune connexion intime avec le phénomène des éruptions volcaniques. Sur cent quarante-trois tremblements de terre catalogués par M. Junghuhn, trois seulement ont annoncé, deux ont suivi, dix-neuf ont accompagné les éruptions ; cent neuf se sont produits tout à fait isolément.

Au lieu de courants de laves, ce sont des torrents de boue qui descendent pendant certaines éruptions des volcans javanais et inondent souvent tous les alentours. L'origine de ce singulier phénomène est encore enveloppée d'une certaine obscurité. L'eau sort-elle du volcan à l'état de vapeur, et forme-t-elle des torrents boueux en retombant à l'état de pluie et en entraînant les cendres volcaniques rejetées pendant l'éruption qu'elle rencontre sur son passage ? ou bien ces fleuves de boue liquide s'épanchent-ils des cratères absolument comme des courants de lave ordinaire ? M. Junghuhn penche pour la première opinion ; mais ses descriptions mêmes semblent la combattre : les grandes vallées de déchirement qui découpent les flancs des volcans javanais sont remplies par une multitude de pierres et de rochers amoncelés. Si la pluie avait entraîné ces débris, ils seraient en plus grande abondance sur les pentes les plus basses de la montagne, et l'on ne devrait pas en trouver auprès du sommet. Ces champs de débris s'élargissent au contraire très souvent à mesure qu'on se rapproche de la cime, et on peut les suivre jusque dans l'intérieur même des cratères, qui en sont quelquefois entièrement remplis. Ces blocs, qui n'ont aucun des caractères des scories volcaniques ordinaires, étaient sans doute suspendus dans une masse demi-pâteuse, demi-fluide, qui s'écoulait par les échancrures du cratère.

On remarque parfois sur les pentes les plus basses des montagnes volcaniques une multitude de petits monticules dont les Javanais expliquent ainsi la formation : quand le courant boueux rencontre quelque obstacle, tel qu'un arbre ou un bloc de rocher, les plus gros fragments entraînés avec le torrent volcanique sont arrêtés ; l'obstacle devient ainsi de plus en plus considérable, et le monticule, d'abord très petit, s'accroît rapidement. Dans une de ces rangées de collines, M. Junghuhn a observé que les sommets sont disposés très régulièrement sur une ligne inclinée de 2 degrés environ sur l'horizon. Ce fait démontre que, sous un angle très faible, les torrents boueux peuvent entraîner des blocs de rochers souvent assez considérables.

On trouve de pareilles collines autour de plusieurs volcans de Java, de l'Ajang, du Guntur et du Sumbing. Du cratère de ce dernier volcan sort une traînée de débris qui descend sur une longueur de 2 lieues et se termine par une myriade de monticules réguliers, pareils à de grandes taupinières de 10 à 12 mètres de hauteur. Les fragments rejetés par ce volcan devaient être à une très haute température, car on voit que quelques-uns ont été incomplètement fondus à la surface et sont soudés les uns aux autres. Une traînée plus longue encore descend du Pepandajan et permet aussi de remonter la ligne du courant boueux jusque dans le cratère, rempli par une nappe de rochers. L'immense cône du volcan Lawu est traversé par une large fissure, remplie également de ruines ; sans les troncs d'arbres qui forment des ponts naturels d'un roc à l'autre, on ne pourrait gravir cette pente hérissée.

Les éruptions des volcans des Andes sont, comme celles des volcans javanais, signalées par la formation de torrents boueux ; mais on ne peut attribuer ce phénomène aux mêmes causes, du moins dans tous les cas. Les neiges éternelles qui couronnent ces hautes montagnes sont quelquefois fondues par les vapeurs qui sortent des volcans, et produisent alors de subites inondations. C'est ainsi qu'en 1803 l'immense coupole qui couronne le sommet du Cotopaxi disparut entièrement dans l'espace d'une nuit. Suivant M. de Humboldt et M. Boussingault, les montagnes trachytiques des Cordillères sont pénétrées d'une multitude de cavités qui se remplissent d'eau par une lente infiltration. Les ébranlements qui accompagnent les éruptions les vident, et les eaux souterraines, souvent peuplées d'une multitude de petits poissons, sont expulsées. Ce phénomène, singulier accompagna l'éruption du Carguairazo en 1698 et celle du volcan Imbaburu en 1671. Les observations, malheureusement si peu nombreuses, que l'on possède aujourd'hui sur les volcans des Andes nous laissent encore ignorer si les fleuves boueux qui en descendent sont dus uniquement à la fonte des neiges et au déversement des réservoirs intérieurs. La boue transportée dans les vallées et les plateaux, nommée par les naturels *moya*, est formée par des matériaux volcaniques et les débris des roches qu'ont décomposées les vapeurs souterraines.

Dans l'émouvant récit de son ascension sur le volcan Pichincha,[1] voisin de Quito et rendu autrefois célèbre par les travaux de La Condamine et de Bouguer, M. de Humboldt note un fait singulier, qui me paraît pourtant établir un trait de rapprochement entre les éruptions des volcans de Java et celles des volcans des Andes. Le célèbre voyageur mentionne de nombreux blocs aux arêtes aiguës épars au pied du volcan de Pichincha, dans un lieu qu'on nomme la *Plaine de Pierres*. « Je crois, écrit-il à ce sujet, que ces roches n'ont pas été lancées par le cratère actuel du Pichincha, mais que peut-être, lors des premiers soulèvements de la montagne, elles ont été précipitées du sommet à travers la crevasse du Cundurguachana. »

M. Sébastien Wisse, qui, plus heureux que M. de Humboldt, réussit à pénétrer en 1845 au fond du gigantesque cratère du Pichincha, a été de même conduit à croire que ces blocs de rochers, qui ont parfois trois mètres de diamètre, ne peuvent avoir été rejetés par une explosion du cratère actuel ; la traînée des blocs erratiques en est éloignée de plus de six mille mètres. Les traditions des natifs s'accordent néanmoins à leur attribuer une origine volcanique. Ne pourrait-on pas admettre avec quelque apparence de raison qu'ils ont été amenés à la place qu'ils occupent aujourd'hui par des torrents boueux, pareils à ceux qui ont rempli de débris les grandes

---

1 *Mélanges de Géologie et de Physique générale*, par M. Alexandre de Humboldt, Paris, 1854.

vallées ouvertes sur les flancs des volcans javanais ? Cette opinion est d'autant moins improbable que, suivant M. de Humboldt, les plateaux qui entourent la montagne volcanique du Pichincha ont dû être plusieurs fois inondés, et qu'au dire du colonel Hall, dans l'intervalle des années 1828 et 1831, des matières boueuses ont été déversées du cratère actuel.

Toutes les éruptions des volcans de Java ne sont point accompagnées de torrents de boue qui inondent et détruisent les forêts, les champs et les villages ; un grand nombre de ces volcans ne rejettent que des débris et des cendres. Ces éruptions sèches caractérisent les volcans les plus agités de l'île, tels que le Lamongan, le Séméru, le Guntur et le Merapi. Comme Santorin dans l'archipel grec, le Lamongan et le Séméru sont dans un état d'irritation permanente ; mais tous les phénomènes volcaniques se bornent à des jets de débris incandescents qui retombent dans le cratère ou roulent sur les flancs de la montagne. La nuit, le sommet de ces volcans s'entoure d'une rouge lueur. Les explosions ont lieu à un quart d'heure ou une demi-heure d'intervalle dans le Lamongan, toutes les deux ou trois heures dans le Séméru. Après ces deux volcans, le Guntur ou Mont-Tonnerre est le plus actif de Java : il se passe rarement quelques mois sans que des cendres, du sable, des fragments de roche n'en soient rejetés avec de terribles détonations, qui ont valu à la montagne le nom qu'elle porte dans le pays. Les éruptions de ce volcan n'ont pas toujours été sèches comme aujourd'hui ; les nombreuses collines de matériaux incohérents qui recouvrent les pentes les plus douces de la montagne ont été formées autrefois au sein d'immenses fleuves boueux. Ainsi les phases et les irrégularités de l'activité souterraine peuvent s'observer non-seulement d'un volcan à l'autre, mais dans la succession des éruptions de la même bouche volcanique.

On trouve à Java, dans, les cratères, sur les flancs des montagnes, parfois même à de très grandes distances, à peu près tous les exemples de phénomènes volcaniques secondaires. Solfatares, émanations de vapeurs et de gaz, lacs et volcans boueux, sources d'eau chaude, tous ces phénomènes forment en quelque sorte une progression descendante, qui nulle part ne peut être mieux observée. La variété de ces actions est d'ailleurs en rapport intime avec celle que présentent les formes des montagnes volcaniques.

Auguste Laugel

Nulle part les dégradations subies par ce qu'on pourrait appeler le volcan primitif n'ont été aussi rapides, à cause sans doute du caractère explosif de toutes les éruptions et de l'abondance de débris incohérents qui, se trouvant rejetés, forment des édifices dont les contours sont changeants et éphémères. Quelques volcans de cette île présentent une très grande simplicité de traits : ce sont de simples cônes de débris parfaitement réguliers, couronnant une montagne trachytique. Quelquefois on reconnaît encore les bords d'un cirque primitif pareil à la *Somma* du Vésuve : ainsi les immenses cônes du Tampomas et du Merapi remplissent une enceinte fermée par une muraille à peu près circulaire. Un des massifs volcaniques les plus remarquables est le mont Tengger. Le cirque qui forme le sommet de la montagne à 7 kilomètres de diamètre, le fond est situé à 2,200 mètres au-dessus du niveau de la mer : c'est un véritable désert africain, et les Javanais l'appellent, on l'a vu, la Mer de Sable. Quand le soleil tropical l'échauffe, on y observe très fréquemment le phénomène du mirage. Vers le milieu de la Mer de Sable s'élèvent trois petits cônes d'éruption, dont l'un a 500 mètres, le second 300 mètres, et le troisième 260 mètres d'élévation au-dessus du plateau. Le plus petit de ces cônes, le Bromo, est seul resté actif. La bouche volcanique est remplie par un lac constamment agité par les vapeurs souterraines qui s'en dégagent. Ces trois cônes d'éruption, juxtaposés ou plutôt greffés les uns sur les autres, s'élèvent en ligne droite sur une même fissure. Mais le trait le plus remarquable qu'on puisse observer dans la constitution du Tengger est une grande vallée de déchirement ouverte sur le flanc de la montagne, et qui s'élargit à mesure qu'on approche du sommet. Ces ruptures, produites par soulèvement, sont très fréquentes à Java. Les cratères des monts Salak, Pangger, Telerep, Merbabu, Merapi et Lawu sont traversés par des fentes immenses ; parfois plusieurs fissures traversent toute l'épaisseur du volcan : alors il ne reste plus que des sortes de piliers détachés, sans aucune apparence de régularité, comme dans le volcan Wilis. Ces volcans étoiles sont ordinairement éteints. Enfin souvent les dernières convulsions volcaniques font de la montagne entière une ruine informe, où l'esprit cherche en vain à reconstruire l'édifice primitif : c'est ce qui est arrivé pour le Ringgit et la plupart des volcans dont les éruptions ont été le plus terribles.

Il est un fait bien remarquable, c'est que les volcans des Andes, dont les éruptions semblent se rapprocher le plus de celles des volcans javanais, nous fournissent aussi les exemples les plus frappants de ruptures et d'écroulements semblables. M. de Humboldt en donne pour exemples le Garguairazo, les deux pyramides d'Ilinissa, et le Capac-Urcu, aujourd'hui appelé *Cerro-del-Altar*. Il n'y a pas lieu de s'étonner que les volcans qui ne donnent point de laves soient ceux dont les formes subissent les altérations les plus rapides, parce que les éruptions gazeuses ont le caractère de véritables explosions. Léopold de Buch comparait le volcan régulier de Ténériffe à une tour défendue par un fossé et des bastions : il n'aurait pu voir dans la plupart des volcans javanais qu'un fort démantelé et déchiré par les brèches d'un siège. Il y en a quelques-uns dont la structure première est presque impossible à démêler : tel est celui qui porte le nom d'Idjeng. Il ne reste de l'enceinte primitive que quelques piliers séparés : sur un plateau qui s'étend à 1,800 mètres d'altitude au-dessus de la mer, s'élèvent jusqu'à dix cônes d'éruption ».V un d'eux, le mont Raon, est véritablement gigantesque : il a 3,1,60 métrés de hauteur. Le cratère du Raon est le gouffre le plus profond de tout Java : il a 3 kilomètres de largeur, et les parois ont 660 mètres de hauteur, de sorte qu'une pyramide quatre fois plus, élevée que la plus grande pyramide d'Égypte pourrait y être placée sans qu'on en aperçût le sommet.

En face du Raon, sur la marge opposée de l'ancienne enceinte, est le cône de l'Idjend proprement dit. Cette montagne fut visitée autrefois par le naturaliste français Leschenault de La Tour, qui vit, au fond du gouffre cratériforme creusé dans le sommet, un lac qui existe encore aujourd'hui, perdu à une immense profondeur. De tous les groupes volcaniques de Java, celui où les vestiges de la structure primitive sont le plus altérés, et qui présente les plus grandes singularités, est celui qui porte le nom de Dïeng. L'ancienne enceinte forme une crête montagneuse qui présente des pentes douces à l'extérieur, escarpées à l'intérieur. Le fond est aujourd'hui hérissé d'une multitude de petites sommités : on y voit de petits cônes d'éruption encore actifs, des solfatares et des lacs. Là se trouve la fameuse *Vallée de la Mort* de Java, vaste entonnoir d'où se dégage constamment de l'acide carbonique, et qui est rempli par les ossements des animaux qui vont s'y aventurer. Le plateau principal a donné son nom au volcan ; situé à 3,000 mètres d'élévation au-dessus de la mer, il est couvert de pâturages et semé de riants villages.

Ce n'est pas seulement dans les cratères que se trahit l'activité volcanique ; on en rencontre des traces sur presque toute la surface de Java, parfois à de grandes distances des montagnes. On y trouve en abondance des sources chaudes et minérales, des lacs et des marais boueux, d'où se dégagent des gaz de diverse nature. Ces phénomènes secondaires, qui paraissent insignifiants quand on les compare aux grandes éruptions, méritent néanmoins d'être signalés ; ils trahissent à tout moment les réactions qui s'accomplissent dans les laboratoires souterrains. On pourrait les comparer à l'étincelle qui se ravive quand on remue une cendre qu'on croyait refroidie, ou plutôt à la fumée qui sort en imperceptibles traînées d'un édifice longtemps avant que l'incendie n'éclate dans toute sa fureur.

Section II

L'étude complète d'une région volcanique comprend deux parties, l'une purement descriptive, l'autre historique. Nous venons de faire connaître la disposition en chaînes des volcans de l'île de Java, la structure singulière des montagnes dont elle est hérissée, les réactions chimiques qu'on y observe. Après avoir montré les volcans en repos, il faut les faire voir en action et rappeler les éruptions formidables qui interrompent de temps à autre un calme qui n'est qu'apparent. Ces éruptions se renouvellent si souvent à Java, que j'ai dû me borner aux plus remarquables et faire un choix dans la longue liste des catastrophes dont cette région a été le théâtre.

Le volcan Ringgit était jadis une des plus hautes montagnes de l'île : en 1586, à la suite d'une éruption terrible, il s'effondra et tomba en ruines. Cet événement coûta la vie à dix mille habitants. Pendant dix ans, les navigateurs virent sortir du sommet une noire et immense colonne de fumée ; le fameux navigateur Cornélis Houtman, entre autres, l'aperçut encore en 1596. Aujourd'hui le volcan est complètement éteint ; il n'en reste plus qu'un gigantesque pilier, entouré de ruines incohérentes.

En 1772 eut lieu l'éruption du volcan Pepandajan, qui fait partie de la double chaîne volcanique située dans la partie occidentale de Java : quarante villages furent détruits dans une nuit. Le lendemain, les habitants qui avaient échappé au désastre remarquèrent que la cime du volcan s'était affaissée. D'après quelques récits, cette éruption aurait été suivie d'un effondrement général de la montagne. En remontant aux documents originaux sur lesquels cette opinion s'est fondée, M. Junghuhn a cru reconnaître qu'elle repose sur une fausse interprétation des rapports des indigènes, fort naturelle à une époque où les Hollandais connaissaient très imparfaitement les langues des îles de la Sonde. Il n'y eut, d'après lui, d'autre affaissement que celui du cône éphémère de débris qui couronnait le volcan. La quantité de fragments qui recouvrent les pentes de la montagne est véritablement effrayante : on peut suivre la trace du courant boueux qui les a transportés depuis le milieu du cratère jusqu'à une distance de 12 kilomètres ; la plus grande largeur de ce champ de débris est de Il kilomètres. Tout cet espace est jonché de blocs trachytiques, plus ou moins scoriacés, de 2 à 3 pieds de diamètre ; les intervalles sont remplis par du sable.

En même temps que le Pepandajan, deux autres volcans de Java firent éruption : le Tjerimaï, situé à 19 lieues, le Slamat à 35 lieues. Un volcan beaucoup plus rapproché, le Guntur, alors comme aujourd'hui extrêmement actif, ne sortit pourtant pas de son repos.

Le cratère du Pepandajan présente encore tous les signes de volcanicité que l'on rencontre à Java : lacs boueux agités par des vapeurs, solfatares, petits volcans de boue, sources chaudes. En approchant du sommet, on entend le bruit confus de toutes ces émanations, que M. Junghuhn compare au vacarme ordonné d'une usine où un grand nombre de machines sont en mouvement : c'est ce qui a sans doute valu à la montagne le nom de Pepandajan, qui veut dire *la forge*. Les petits volcans de boue disséminés dans le cratère ont de 2 à 4 pieds de hauteur : ils ont un petit cratère circulaire, d'où sort de temps en temps, à des intervalles très réguliers, un jet d'eau trouble et chaude extrêmement violent. Ces petits cônes deviennent de plus en plus élevés par l'accumulation de la boue qui se dessèche à l'air jusqu'au jour où un ébranlement subit fait écrouler tout l'édifice.

Auguste Laugel

La plus terrible éruption dont on ait gardé le souvenir dans les îles de la Sonde n'eut pas lieu à Java même, mais dans l'île de Sumbavva, qui en forme en quelque sorte le prolongement oriental, et se rattache à la même chaîne volcanique. Cette éruption est peut-être la plus effrayante qu'on puisse trouver dans l'histoire des volcans du monde entier : elle remonte à quarante ans seulement, et pourtant qui s'en souvient, hormis quelques géologues ? Qui sait le nom et la place du volcan Temboro ? Il semble que les catastrophes les plus épouvantables ne puissent nous toucher que quand elles sont près de nous, ou qu'elles se mêlent à des souvenirs qui nous sont devenus familiers. On va remuer la cendre qui a enseveli Pompéi et nous a fidèlement gardé à travers les siècles les trésors et les raffinements du goût antique : on ne compte pas les forêts et les plantations des îles de la Sonde que la cendre a ensevelies. Personne n'ignore comment périt Pline l'Ancien en l'an 79. Qui sut jamais ou se rappelle qu'en 1815 l'éruption du Temboro coûta la vie à plus de 50,000 personnes ?

Il est heureux qu'à cette époque sir Stamford Railles ait été gouverneur de Java : il se hâta d'envoyer un navire, commandé par le lieutenant Owen Phillips, pour recueillir des informations détaillées sur l'éruption. Elle commença le 5 avril avec d'épouvantables explosions, et atteignit cinq jours après seulement le plus haut degré d'intensité : d'énormes colonnes de fumée sortaient du cratère, et cachaient entièrement le sommet de la montagne, dont tous les flancs étaient couverts de débris incandescents et de cendre fine. Les champs cultivés qui recouvraient toutes les pentes de la montagne furent convertis en peu de temps en un désert stérile, 12,000 habitants périrent à Sumbawa, les uns sous les débris, les autres brûlés. L'île Lombock, bien que située à 36 lieues environ, fut entièrement recouverte d'une couche de cendres épaisse de 2 pieds : 44,000 personnes y périrent de faim.

La quantité de cendres qui fut expulsée par le volcan est véritablement énorme : le 18 avril, le lieutenant Owen Phillips vit encore toute la montagne enveloppée de nuages obscurs, et la fumée ne cessa d'en sortir pendant trois mois. Les cendres volcaniques changèrent le jour en une nuit profonde jusqu'à 126 lieues de distance, et obscurcirent le soleil jusqu'à 180 lieues ; elles furent transportées en des points qui sont aussi éloignés du Temboro que

Turin ou Marseille du Vésuve, ou Londres des volcans éteints de l'Auvergne, et couvrirent une ellipse dont la surface est plus grande que l'Allemagne tout entière. On reste peut-être au-dessous de la vérité en admettant qu'il tomba en moyenne sur cette immense étendue 2 pieds de cendres. En acceptant ce chiffre, on arrive par le calcul à un volume total à peu près triple du volume du Mont-Blanc. On ne connaît pas d'autre exemple d'une aussi énorme quantité de matières sorties d'un volcan, sauf le courant de lave qui descendit en 1783 du Skaptar-Jokul en Islande, et qui recouvrit 160 kilomètres carrés environ sur 100 mètres de hauteur moyenne. Ce volume est le double du précédent, et représenté six fois celui du Mont-Blanc.

Les détonations, pareilles à une forte canonnade, qui accompagnèrent les débuts de l'éruption se propagèrent dans un espace elliptique beaucoup plus étendu : on les entendit dans l'île entière de Java, dans les Célèbes, à Ternate, dans les îles Moluques jusqu'à la Nouvelle-Guinée, dans la plus grande partie de Sumatra, et jusque dans le nord-est de l'Australie. Le plus grand axe de cette grande ellipse était à peu près dirigé de l'est à l'ouest, c'est-à-dire dans le sens de la grande série volcanique de Java, et avait 700 lieues de longueur. Si le Vésuve eût été le centre d'une pareille éruption, les bruits souterrains auraient pu être entendus jusqu'à Odessa en Russie, dans toute l'Allemagne jusqu'à Dantzik, en France jusqu'à Cherbourg, en Espagne jusque vers Grenade, dans toute l'Algérie et la régence de Tunis, et dans une assez grande partie de l'Asie-Mineure. Le 10 avril, par conséquent cinq jours après le commencement de l'éruption, dans un golfe voisin, l'air étant parfaitement calme, la mer fut remuée et soulevée pendant trois minutes à 12 pieds plus haut qu'au moment des plus puissantes marées. Le même jour, une trombe de vent exerça pendant une heure, près du Temboro, les plus terribles ravages, et emporta sur son passage les hommes, les arbres, et jusqu'à des maisons.

Les éruptions ordinaires de Java ne sont que des miniatures, lorsqu'on les compare à ce terrible événement. L'influence destructive des débris incandescents ne s'étend généralement guère à plus de 500 mètres au-dessous du sommet des volcans. Les plus actifs même, tels que le Gédé, le Slamat, le Lamongan, le Merapi, le Sêméru, sont entourés sur leurs pentes d'une ceinture de forêts épaisses ; la cime seule est chauve et aride. Toutefois l'intérêt des éruptions volcaniques ne doit pas se mesurer seulement par le degré d'intensité, et parmi les plus faibles il y en a qui, par certains caractères, méritent d'attirer l'attention.

En continuant à suivre l'ordre chronologique, la principale éruption qu'on doive mentionner est celle du Gelung-Gung, qui ne remonte qu'à 1822 : M. Junghuhn a recueilli des détails très circonstanciés sur cet événement. Ce volcan est situé près de la chaîne qui occupe la partie occidentale de l'île : il était complètement éteint avant 1822, et les Javanais ne soupçonnaient même point la nature volcanique de la montagne. L'ancien cratère formait un cirque enfermé entre des hauteurs : le torrent qui en sortait prit au mois de juin 1822 une apparence laiteuse ; l'eau en devint astringente et se chargea d'alumine. À une heure après midi, l'éruption commença par une détonation qu'on entendit au même instant dans tout Java. Réveillés en sursaut du sommeil auquel ils se livrent chaque jour à ce moment où la chaleur est accablante, les habitants les plus voisins du volcan virent monter dans les airs, avec une vitesse prodigieuse, une immense colonne de fumée noire, sillonnée par les lignes obliques de quelques éclairs. En peu d'instants, le jour se changea en une nuit épaisse, et quelques milliers d'hommes périrent sous la pluie volcanique qui retombait autour du cratère. En même temps, des torrents d'eau chaude mêlés avec de la boue et des fragments de roches descendirent du volcan et convertirent en quelques minutes les villages, les forêts, les champs de riz, situés au pied de la montagne, en un lac fumant où surnageaient les arbres, les cadavres et les débris. Ces torrents brisèrent tous les ponts et allèrent très loin produire de grandes inondations, qui causèrent encore la mort d'un grand nombre de fuyards. À cinq heures du soir, tout était fini ; mais quelques jours après survint une nouvelle éruption plus terrible. Elle commença la nuit, vers neuf heures ; le volcan se remit à vomir de la boue et de l'eau chaude. Les habitants se réfugièrent sur de petits monticules formés à la suite d'éruptions plus anciennes et disséminés en très grand nombre au pied de la montagne ; mais l'inondation finit par emporter presque tous ces obstacles, et 2,000 personnes périrent encore au milieu des eaux ; d'autres moururent de faim sur les monticules qui résistèrent au courant, et où ils demeurèrent abandonnés. Les natifs qui échappèrent à cette catastrophe ne retrouvaient plus sous les débris accumulés la place de leurs villages disparus. Les torrents boueux de la nouvelle éruption laissèrent pour trace dernière une énorme quantité de monticules : il y en a au moins dix mille disséminés sur le trajet du courant ; il reste aussi un certain nombre de monticules anciens, et comme ils sont plus éloignés du sommet de la montagne, on peut en conclure que le volcan avait vomi auparavant des masses d'eau encore plus considérables. Aujourd'hui on reconnaît à peine dans le Gelung-Gung la trace d'un cratère. La crête en est complètement démantelée : tout est recouvert par d'épaisses forêts ; seulement au-dessus du manteau de verdure s'élève lentement un nuage blanchâtre. On aperçoit de très loin ce panache de vapeurs qui s'incline doucement sous la brise et couronne éternellement le redoutable sommet.

Le mont Relut est un des volcans les plus actifs de Java ; il a fait éruption en 1811, en 1826, en 1835, en 1848. Tous les flancs de la montagne sont recouverts par un sable gris et fin, sur une épaisseur de 50 mètres environ ; on arrive au sommet en suivant les vallées d'érosion qui y sont creusées et sont découpées en terrasses régulières, de plus en plus étroites à mesure qu'on s'élève. Ces vallées indiquent la marche et le niveau des inondations qui ont suivi les grandes éruptions. En 1826, le volcan du Relut fit éruption en même temps que le cône de Pakuadjo, bouche aujourd'hui active du volcan Dïeng, qui s'élève à une très grande distance du Kélut. Des torrents d'eau chaude acide et corrosive, entraînant une grande quantité de sable, descendirent par toutes les vallées et détruisirent partout les forêts et les *sawahs* ; la boue arriva encore chaude et fumante sur les pentes inférieures de la montagne. En 1835, il sortit de nouveau du volcan d'énormes jets d'une eau chaude et acide qui s'écoula de même par les vallées d'érosion. L'éruption de 1848 fut plus violente ; les détonations qui l'accompagnèrent furent entendues dans une grande partie de l'archipel indien, jusqu'à Macassar et dans les Célèbes : chose singulière, on n'entendit rien à Batavia. Ainsi les bruits souterrains semblent se propager dans des directions déterminées, qui sont en rapport avec le système des fissures, auquel il faut rattacher la direction des chaînes volcaniques. L'éruption fut d'abord sèche : il tomba une quantité considérable de cendre chauffée qui alluma les forêts ; bientôt après un orage électrique se forma au-dessus du cratère, tous les torrents se gonflèrent et inondèrent en peu de temps tous les alentours.

Je mentionnerai encore, en terminant, l'éruption du mont Guntur, qui eut lieu en 1843, parce qu'elle peut donner une idée de la hauteur extraordinaire à laquelle s'élèvent les cendres volcaniques. M. Junghuhn se trouvait, au moment de l'éruption, dans le voisinage de ce volcan. Il assure que le jour de l'événement on voyait des nuages arrondis voyager dans le ciel à deux mille mètres environ de hauteur. Au-dessus on distinguait les longues traînées des nuages qui flottaient dans la région supérieure de l'atmosphère. On vit bientôt monter sur l'horizon un nuage gris qui, en deux heures, s'étendit peu à peu jusqu'au zénith et envahit de plus en plus le ciel : c'étaient les cendres que le Guntur avait vomies et qu'emportait le vent. La teinte de cette grande nappe opaque contrastait avec la blancheur des nuages ordinaires, qu'on aperçut encore pendant quelque temps au-dessous des cendres volcaniques ; mais bientôt ils disparurent, une ombre de plus en plus épaisse recouvrit tous les objets ; le dernier segment de ciel bleu s'obscurcit, et le nuage noir se déploya comme un voile épais sur la terre. Il fallut allumer des lampes et des torches. Les cendres tombaient peu à peu en pluie lente et silencieuse, et après quelques heures seulement le ciel s'éclaircit de nouveau par degrés.

Section III

Nous avons cherché à faire connaître les phénomènes qui caractérisent les phases les plus extrêmes de l'activité volcanique à Java. En les comparant à ceux qu'on observe dans les autres régions du globe, on se trouve naturellement amené à présenter quelques considérations générales sur l'action des forces volcaniques. En lisant les descriptions des géologues et des voyageurs, on reconnaît bientôt que les actions lentes qui préparent les éruptions, ou leur survivent comme les derniers symptômes d'une vitalité expirante, se ressemblent dans toutes les parties de la terre : les derniers effets de la volcanicité, si l'on pouvait s'exprimer ainsi, semblant être partout les mêmes. Au contraire, si l'on observe les effets des forces souterraines à leur plus haut degré d'irritation dans les principaux districts volcaniques du globe, on voit qu'ils ne sont pas toujours semblables, et souvent diffèrent entièrement de l'un à l'autre. Il semble donc qu'il soit permis d'établir une classification naturelle des volcans. Si, comme le fait M. de Humboldt, il faut les définir « des canaux qui établissent une communication entre l'atmosphère et les parties internes du globe, » il est naturel qu'on mesure l'intensité volcanique par la facilité plus ou moins grande avec laquelle s'établit cette communication. On peut choisir pour points de comparaison le grand volcan des îles Sandwich, le Vésuve, et l'île même de Java.

Le volcan de l'île Hawaii, qui fait partie de l'archipel des îles Sandwich, a été très bien décrit dans le voyage du commodore américain Wilkes : les deux immenses cratères du Mouna-Loa et du Mouna-Kilauea sont ouverts l'un au sommet, l'autre sur le flanc de la même protubérance volcanique. Le cratère du Kilauea, d'après les mesures des officiers américains, n'a pas moins de 12 kilomètres de circuit ; celui du Mouna-Loa après de 6 kilomètres de longueur sur 4 kilomètres de largeur ; tous deux ont environ 1,000 mètres de profondeur. La lave qui remplit le fond de ces gigantesques chaudières ne se refroidit jamais entièrement à la surface dans l'intervalle des éruptions ; il reste toujours un grand lac de lave liquide d'un rouge cerise éblouissant, par où les vapeurs s'échappent librement et presque sans bruit, en rejetant la lave à une très faible hauteur et formant au-dessus d'elle un nuage illuminé. Lorsqu'une éruption doit avoir lieu, la lave brise l'enveloppe refroidie et s'élève lentement. Avant que le lac de feu ait atteint les bords du cratère, la pression de cette énorme colonne liquide devient ordinairement assez forte pour crever les flancs du volcan. L'issue frayée, la lave s'écoule, elle redescend peu à peu dans le cratère au niveau habituel. Une pareille éruption n'est donc véritablement qu'un paisible déversement de matière fondue : le phénomène n'est annoncé par aucune détonation, aucune commotion violente ; il n'est accompagné d'aucune explosion de débris rejetés en dehors du volcan. Les habitants d'Hawaii ne reconnaissent souvent l'éruption qu'à la lueur rouge qui la nuit enveloppe le sommet de la montagne, et devient alors plus intense.

Auguste Laugel

Il est pourtant impossible de ne pas voir dans ce phénomène, si calme qu'il soit, la plus haute expression de l'activité volcanique. Seulement les vapeurs, s'échappant sans cesse par le lac de lave comme les bulles qui montent dans l'eau en ébullition, n'ont qu'une très faible pression, et ne peuvent jamais s'accumuler en quantité suffisante pour produire des phénomènes explosifs.

Au Vésuve, l'activité volcanique présente une expression déjà amoindrie : l'écoulement des laves y est beaucoup moins considérable qu'au Mouna-Loa, et il est accompagné d'explosions qui rejettent des cendres et des fragments de lave refroidie. Les vapeurs peuvent atteindre dans la cheminée volcanique une très forte pression, puisque sir James Hamilton, dans la description de l'éruption de 1779, rapporte que ces débris étaient entraînés jusqu'à la hauteur de 3,000 mètres au-dessus du cratère.

Dans les volcans de Java, les conduits souterrains sont encore plus obstrués : la lave n'y circule point. Ces volcans ne font que rejeter une quantité immense de fragments incohérents et de cendres qui s'élèvent à des hauteurs extrêmement considérables, pour retomber sur toutes les régions voisines. Toutes les montagnes volcaniques sont dominées par des cônes d'éruption. Souvent le même volcan en porte plusieurs dans le cratère primitif et d'autres sur les flancs. Ce développement des cônes d'éruption donne à certains massifs un aspect irrégulier et pour ainsi dire tuberculeux. Il devient parfois difficile de démêler la structure première du volcan, défiguré par ces montagnes de débris, par les ruptures et les affaissements qui ont suivi l'éruption de matières arrachées en telle abondance aux entrailles trachytiques de la montagne ; mais ce qui donne aux volcans de l'île de Java un caractère tout particulier, c'est la quantité incroyable d'eau qui s'en échappe, et qui, se mêlant aux débris solides, forme des torrents boueux d'une nature singulière, où des blocs innombrables se trouvent entraînés à de très grandes distances dans une pâte limoneuse formée par les cendres volcaniques. Ces volcans sont aussi remarquables par l'abondance des vapeurs sulfureuses qui s'en dégagent pour ainsi dire sans cesse. Mêlées avec la vapeur d'eau, elles corrodent et désagrègent lentement les roches, et préparent sourdement les matériaux des éruptions futures. Si l'on compare ces caractères généraux avec ceux des volcans des Andes, on trouvera entre les deux groupes une certaine ressemblance. Les coulées de lave moderne sont rares dans les Andes ainsi qu'à Java ; seulement les éruptions de matières solides y sont peu fréquentes, et l'activité de ces immenses colosses trachytiques ne s'annonce d'ordinaire que par le dégagement des vapeurs souterraines.

Quelles sont donc les lois qui régissent l'activité volcanique ? Pourquoi certains volcans donnent-ils constamment des laves et d'autres n'en donnent-ils jamais ? pourquoi les uns ont-ils de si fréquentes, les autres de si rares éruptions ? On a souvent fait observer que la hauteur des volcans semble exercer à cet égard une influence remarquable. Le Stromboli, qui, depuis le temps où vivait Homère, est dans un état de perpétuelle irritation, n'a pas plus de 700 mètres de hauteur ; les éruptions du Vésuve, qui a 1,181 mètres d'élévation, se renouvellent plus souvent que celles de l'Etna, qui atteint 3,313 mètres. Les volcans géants des Andes ne rejettent des vapeurs et des cendres qu'à des intervalles séculaires, tandis que ceux de Java sont presque tous dans un état continuel d'irritation. La hauteur des montagnes exerce-t-elle une influence aussi directe sur la nature que sur le nombre des éruptions ? C'est ce qui semble douteux. On a souvent prétendu qu'il ne sort point de coulées de lave des volcans des Andes, parce que les matières en fusion ne peuvent s'élever jusqu'au sommet de ces colossales montagnes ; mais les coulées de lave sont aussi rares dans la chaîne volcanique de Java, dont les pitons sont à un niveau beaucoup plus bas. La sortie des laves paraît même être un phénomène moins exceptionnel dans les Andes que dans l'île de Java. L'Antisana, montagne voisine de Quito et haute de 6,378 mètres, a vomi plusieurs fois de la lave ; dans les Andes du Chili, on a vu descendre d'immenses coulées des flancs du volcan Antuco, qui s'élève à 5,300 mètres au-dessus du niveau de la mer.

La volcanicité terrestre a une intensité variable dont on peut suivre tous les degrés dans les volcans actifs, depuis le grand volcan d'Hawaii, d'où sortent sans cesse d'immenses fleuves de lave, jusqu'aux volcans de Java, d'où s'échappe seulement de l'eau. Quoique les volcans agissent d'une manière intermittente et assez variable, on peut donc, en envisageant l'ensemble des phénomènes volcaniques dans une même région, y reconnaître certains caractères constants. Les matières qui remplissent le sein de la terre, véritable image de ce que les anciens appelaient le chaos, sont groupées sous l'influence d'une extrême température et d'une immense pression, suivant des affinités que nous ne pouvons saisir : la nature en sépare à son gré les laves et les vapeurs volcaniques. Jusqu'à ce que nous ayons surpris son secret, il faut nous borner à étudier avec soin la structure des volcans et la nature de leurs éruptions. On commence à examiner, avec les secours nouveaux de l'analyse chimique, l'ordre dans lequel se dégagent les gaz et les vapeurs durant la même éruption. M. Charles Deville a entrepris récemment, avec beaucoup de succès, cette curieuse étude sur le Vésuve. Il n'est pas douteux que de telles recherches, entreprises comparativement dans plusieurs régions volcaniques, jetteraient un grand jour sur les questions encore obscures qui se rattachent aux réactions de l'intérieur de notre globe sur l'enveloppe externe.

L'émission des laves représente le plus haut degré de l'activité volcanique ; mais les éruptions de cendres et de vapeurs sont les plus redoutables. On ne craint guère les éruptions du Vésuve, si fréquentes aujourd'hui : la lave s'est frayé des passages faciles et permanents ; mais, avant la fameuse éruption qui détruisit Pompéi, le volcan ne donnait aucun signe d'activité, et l'on sait que la ville fut ensevelie sous une pluie de cendres. Les volcans de l'Auvergne sont entièrement éteints, et quelques émanations d'acide carbonique trahissent seules aujourd'hui, dans cette partie de la France, l'activité souterraine qui autrefois amenait au jour ces immenses coulées de lave qu'on peut suivre jusqu'à quatre ou cinq lieues des cratères. Si jamais les volcans d'Auvergne devaient se réveiller, les premières explosions seraient sans doute annoncées par de violents tremblements de terre ; les cratères nouveaux rejetteraient, avec une immense quantité de vapeurs et de gaz, des débris solides et des cendres qui retomberaient en pluie sur une partie peut-être considérable de la France.

Quelques-unes des éruptions dont l'histoire et la tradition nous transmettent le souvenir ont exercé les plus terribles ravages ; pourtant il faut avouer que la volcanicité, considérée comme une des fonctions de notre globe, ne joue aujourd'hui qu'un rôle assez insignifiant, Au moins est-il permis de dire que la volcanicité terrestre est bien faible, quand on la compare à celle de la lune. La surface de notre satellite est toute semée de volcans dont les cratères ont d'effrayantes dimensions. À ce sujet, je rappellerai que, suivant l'opinion adoptée par tous les astronomes, il n'y a point d'eau à la surface de la lune et qu'elle n'a point d'atmosphère. Comment les adversaires de la théorie plutonienne des volcans expliqueront-ils que les seules régions dépourvues d'air et d'eau que nous connaissions soient précisément les plus riches en montagnes ignivomes ? Ceux qui cherchent à rendre compte des phénomènes volcaniques, dans la large acception que leur donne M. de Humboldt, par la réaction d'un noyau fluide intérieur contre une mince enveloppe solide, n'ont aucun lieu de s'étonner de la volcanicité lunaire. L'analogie les oblige même à supposer que des forces pareilles à celles dont nous observons nous-mêmes les effets sur la terre doivent agir sur tous les corps célestes qui se refroidissent par d'insensibles gradations, en poursuivant leur course éternelle à travers l'espace.

ISBN : 978-1541104785

Auguste Laugel

www.ingramcontent.com/pod-product-compliance
Lightning Source LLC
Chambersburg PA
CBHW061453180526
45170CB00004B/1690